NOTICE CHRONOLOGIQUE

SUR

L'ORIGINE DES VIGNES AMÉRICAINES

RÉSISTANT AU PHYLLOXÉRA,

LEURS MODES DE GREFFAGE AVEC LES VIGNES FRANÇAISES,

LA DÉCOUVERTE DU PHYLLOXÉRA DES FEUILLES EN FRANCE,

LES PREMIERS VINS FRANÇAIS RÉCOLTÉS SUR RACINES AMÉRICAINES,

LES PREMIÈRES EAUX-DE-VIE AMÉRICAINES EXPOSÉES,

LES PREMIERS VINS PROVENANT DES VIGNES ÆSTIVALIS,

LES GREFFES PAR APPROCHE, ET PONDÉRATRICE,

L'OBTENTION DU PORTE-GREFFE LE VIALLA, ETC., ETC.

PAR L. LALIMAN

Fondateur de l'École Américaine,
Lauréat de plusieurs Sociétés d'Agriculture
Commandeur de l'Ordre d'Isabelle la Catholique, et du Christ du Portugal,
pour services rendus à la viticulture universelle,
Prix d'honneur à l'Exposition du Congrès Pomologique de France en 1888,
Membre correspondant ou honoraire de la Société d'Agriculture
de l'Hérault, de Vaucluse, de l'Ardèche, de Polygny, de Valence (Espagne), de la Gironde,
de Cadillac, etc., etc., etc.

MASSON, éditeur
Boulevard Saint-Germain
PARIS

FERET, libraire,
Cours de l'Intendance
BORDEAUX

1889

NOTICE CHRONOLOGIQUE

SUR

L'ORIGINE DES VIGNES AMÉRICAINES,

RÉSISTANT AU PHYLLOXÉRA,

LEURS MODES DE GREFFAGE AVEC LES VIGNES FRANÇAISES,

LA DÉCOUVERTE DU PHYLLOXÉRA DES FEUILLES EN FRANCE,

LES PREMIERS VINS FRANÇAIS RÉCOLTÉS SUR RACINES AMÉRICAINES,

LES PREMIÈRES EAUX-DE-VIE AMÉRICAINES EXPOSÉES,

LES PREMIERS VINS PROVENANT DES VIGNES ÆSTIVALES,

LES GREFFES PAR APPROCHE, ET PONDÉRATRICE,

L'OBTENTION DU PORTE-GREFFE LE VIALLA, ETC., ETC.

PAR L. LALIMAN

Fondateur de l'École Américaine,
Lauréat de plusieurs Sociétés d'Agriculture
Commandeur de l'Ordre d'Isabelle la Catholique, et du Christ du Portugal,
pour services rendus à la viticulture universelle,
Prix d'honneur à l'Exposition du Congrès Pomologique de France en 1888,
Membre correspondant ou honoraire de la Société d'Agriculture
de l'Hérault, de Vaucluse, de l'Ardèche, de Polygny, de Valence (Espagne), de la Gironde,
de Cadillac, etc., etc., etc.

BORDEAUX
IMPRIMERIE R. COUSSAU & F. COUSTALAT
20 — rue Gouvion — 20

1889

NOTE DES MATIÈRES

CHAPITRE PREMIER

La cause des vignes américaines défendue et gagnée par la Société d'Agriculture de la Gironde.

Les faits ont dissipé bien des préjugés à leur égard.

Le Brésil, le Mexique, le Pérou, etc., à l'abri du Phylloxéra, dit américain. Le Jardin des plantes et d'Acclimatation de Paris, et la pépinière du Jardin du Luxembourg cultivant les vignes américaines sans Phylloxéra depuis 1817.

Le Japon les cultive aussi dans ces conditions.

Enquête officielle faite en Gironde dégageant la propriété de La Touratte de l'accusation d'avoir introduit le Vastatrix : condamnation en dommages et intérêts des accusateurs de M. Pulliat, qui prétendaient qu'il avait introduit l'insecte dans le Beaujolais avec les vignes américaines. M. Sahut, de Montpellier, dégagé par une enquête de la même accusation.

Lettre du maire de Floirac déclarant avoir eu le puceron avant la propriété de La Touratte, diverses autres déclarations.

Lettre de M. M. Cornu, indiquant une autre propriété que la nôtre, comme début du Vastatrix, déclaration de divers autres viticulteurs, sur le même sujet.

Autres motifs qui nous décident à étaler nos droits comme initiateur dans la question des vignes américaines résistantes, et dans celle de la découverte du Phylloxéra gallicole, dans celle des greffes dans les hybrides, etc., étayés sur certains auteurs bien connus et sur nos premiers écrits au sujet du Jacquez que nous avons le premier décrit en France dans le Journal de Viticulture de Lesourd du 30 septembre 1869. Les 7 millions de ceps américains recommandés par Riley, ayant succombé en 1874. Les Concords et certains hybrides ou Labrusca morts déjà à La Touratte à cette époque. Les vignes américaines cultivées au Jardin des plantes et au Jardin d'Acclimatation de Paris, sans avoir communiqué le Phylloxéra, *dito* celles du Jardin du Luxembourg introduites à Paris depuis 1817, celles du Japon aussi innocentées ; condamnation par le tribunal de Villefranche des accusateurs de M. Pulliat, au sujet de la prétendue introduction du Phylloxéra dans le Beaujolais par ses vignes américaines.

De M. Castelet, viticulteur Espagnol, dégageant ses vignes américaines venues de l'Alsace d'avoir importé le Phylloxéra. Autres preuves de notre initiative dans la question des vignes américaines indiquées dans les écrits de nos disciples ou contradicteurs. Description du Jacquez comme producteur direct résistant au Phylloxéra et comme porte-greffe dans le Journal de Viticulture pratique du 30 septembre 1869. Description du Solonis comme porte-greffe pour les cépages Européens. Le Waren, Le Long n° 1, résistant au Phylloxéra ; autres preuves que toutes les vignes américaines ne résistent pas au Phylloxéra, tels que le Concord, la Diana, la Clara, l'Isabelle, le Catawa, etc., mortes à La Touratte avant 1871.

Funestes indications des cépages par M. Riley. Documents dans lesquels on peut s'instruire sur nos travaux phylloxériques, sur notre initiative dans la question des hybrides américains sur la greffe des vignes américaines. Enquête officielle préfectorale dégageant notre propriété de La Touratte. Nos luttes contre les viticulteurs girondins, plus tard devenus fanatiques américanistes.

Autres documents authentiques, établissant nos droits comme fondateur de l'École Américaine, notre greffe pondératrice, nos indications pour combattre le Mildew au moyen des cépages à l'abri de ce cryptogame.

CHAPITRE II

Découverte en Europe de certains cannibales du Phylloxéra ; nos protestations au ministre en 1871 contre les vignes américaines recommandées par M. Riley. Nos combats contre certains médecins et remèdes ; lettre étrange du ministère nous avertissant qu'il ferait venir d'Amérique pour nous sauver, des Labrusca, l'Œuf d'hiver et l'innondation.

5

ÉPILOGUE

Notre initiative reconnue par M. Planchon. Notre médaille d'or du concours agricole de 1876. Plus de 217.000 hectares plantés en France en vignes américaines.

Prix de 300,000 fr. voté par le Parlement en faveur de la viticulture.

Prix de 100,000 fr. de M. Osiris en faveur de la découverte la plus utile de l'Exposition de 1889.

Nécessité de récompenser la viticulture et les ouvriers oubliés, de la première heure, ainsi que les principaux chercheurs dont les indications ont été sanctionnées par l'expérience.

PRÉFACE

Un des plus sympathiques députés de la Chambre et, à coup sûr, un des plus versés dans la question des maladies des vignes françaises et des vignes américaines, disait vers la fin de l'année 1888, pendant que M. Baïhaut, ministre de l'agriculture, paraissait disposé à accorder le prix de *trois cent mille francs*, voté par les Chambres en faveur de ceux qui ont rendu des services signalés à la viticulture :

« Je suis si persuadé qu'une notice rappelant par dates « les indications et les efforts des premiers pionniers « dans les questions des vignes américaines résis- « tantes ou autres découvertes phylloxériques utiles, « fait défaut, et que les premiers ouvriers ont été trop « oubliés ; que je paierais volontiers de ma bourse, une « notice rappelant avec ordre chronologique les faits « qui ont eu pour résultat notre salut viticole ! »

C'est donc pour satisfaire aux désirs de ce nouveau Franklin viticole, autant que pour combler une lacune dont les étrangers se plaignent aussi, que nous prenons la plume : Puisque vétéran dans ces questions sœurs jumelles, nous pouvons prouver : que nous sommes le fondateur de l'école américaine ; et comme l'illusion scientifique de détruire tous les phylloxéras, alors que nous ne pouvons pas même détruire les mouches, paraît à cette heure, une chose chimérique et surhumaine ; croyant que le moment est proche, où l'insanité de cette dernière prétention sautera à tous les yeux ; et que l'on reconnaît déjà que nous sommes trop heureux de vivre en récoltant nos vins malgré la présence et les vexations que cause le phylloxéra (1); enfin que ceux qui sont arrivés les premiers à indiquer les divers procédés pratiques et salutaires, méritent la reconnaissance publique, puisque c'est par milliards qu'ils ont déjà reconstitué la fortune viticole de la France. Nous nous décidons à étaler ici les états de services des ouvriers de la première heure, puisqu'ils sont déjà aux oubliettes, autant que le prix de *trois cent mille francs*, destiné à récompenser les sauveurs viticoles; et alors que l'on semble incliner à déposer aux pieds des Terpsichores du nouvel Opéra-Comique, ou au sommet de la tour Eiffel sous la forme de harpes éoliennes, des sommes bien plus élevées encore.

Il est vrai que trois procédés principaux peuvent prétendre avoir atteint le but du salut : l'inondation, les vignes américaines, et les sulfo-carbonates; et nous irons plus loin, les procédés cupriques contre le mildew, bien que secondaires, pourront paraître aussi militer en leur faveur ; mais alors, pour ce dernier procédé, le jugement de Salomon exigera une nouvelle et judicieuse application ; et un jury, espérons-le, fera à chaque procédé équitablement son lot (2).

---

(1) Depuis que le monde est monde, les infiniment petits sont nos maîtres. Les fourmis, les mouches, les moustiques, les microbes, etc., ne peuvent être vaincus par l'homme. Les petits oiseaux, nos pondérateurs et nos auxiliaires, qui saisissent au vol les phylloxéras ailés pour s'en repaître, sont massacrés, anéantis, pour l'amusement de nos jeunes collégiens, presque aussi coupables que les Yankees qui viennent de détruire la dernière troupe de bisons, nourriture des Peaux-Rouges, et sont à même d'exterminer les Peaux-Rouges afin de spolier leur terre. L'humanité civilisée est, dit-on, supérieure à la sauvagerie. Messieurs les abolitionistes de l'esclavage, à vos pièces ! ou que la terre vous soit légère.

(2) Les Californiens avant 1881 appliquaient le cuivre contre les maladies fongoïdes de la vigne. Mme la duchesse de Fitz-James le signalait déjà dans son livre : « *Le Congrès de Bordeaux tenu en 1881.* » Les Bourguignons l'indiquaient aussi en 1883. M. le baron Chatry de la Fosse en a le premier entretenu la Société d'agriculture de la Gironde. MM. Millardet et Gayon en saisissaient l'Académie fin 1885, M. Pery et autres un peu avant. Ce sera à un jury spécial d'exiger la preuve de la priorité dans cette question si importante pour la viticulture, et aux intéressés à produire leurs titres.

Lorsque l'on va récompenser dans l'arène universelle de la grande Exposition tant de frivolités luxueuses, ruineuses ou décevantes ; déserter les intérêts agricoles et oublier ceux qui ont ressuscité notre viticulture expirante, ce serait trahir un des plus grands intérêts du pays, un des plus puissants leviers de notre grandeur.

Espérons que l'Exposition de 1889 sera plus clémente que ses sœurs aînées ; qu'elle réparera leur oubli et que les injustices de 1878 n'auront pas lieu (1), puisqu'à ladite époque on devait exclure toutes les vignes de son enceinte, sous prétexte d'éloigner le phylloxéra, et que l'on a reçu celles provenant de Marseille, pays phylloxéré autant que la Gironde.

Heureusement que la Société d'agriculture de Bordeaux vient en mars dernier d'envoyer une protestation au ministre, au sujet des vignes que l'on voulait encore exclure et dans laquelle on lit ces énergiques paroles :

« Considérant qu'il n'y a pas dans la France entière « d'intérêt plus important que celui de la reconstitution « viticole du pays ;

« Considérant que pour montrer à tous les résultats « obtenus dans les régions les plus avancées au point de « vue de la reconstitution des vignobles, qu'il ne sau- « rait y avoir de moyen pratique plus efficace que la « représentation à l'Exposition de 1889 des moyens em- « ployés pour arriver au relèvement viticole, c'est-à-dire

---

(1) L'Académie des sciences nous a vingt fois demandé, en 1870, etc., des Phylloxéras qui ont servi à ses études et aux expériences de M. le docteur Seignouret, à Clamart, aux études de M. Balbini, et à celles de notre premier collaborateur en Phylloxéricultnre, M. M. Cornu. Si on défend l'introduction à Paris des vignes, et qu'on permette celle de leur parasite qui entre les mains des savants peut être très dangereux, pourquoi répudier de la capitale les vignes de la Gironde, alors que le Jardin d'acclimatation possède des vignes américaines sans phylloxéra, et que l'insecte est près d'Argenteuil, ainsi qu'à Grignon, sans être, dit-on, dans la Haute-Marne, chez le général Martin Des Pallières, qui a reçu dix fois des vignes américaines directement des Etats-Unis ?

« d'exposer des ceps de vigne vrais, chargés de leur « fruit vrai, et accompagnés de leurs vins vrais, etc., etc. »

Évidemment pour qui connaît les préjugés girondins contre les vignes américaines, les luttes gigantesques que nous eûmes à soutenir pendant quinze ans au moins, contre leurs adversaires, aujourd'hui leurs adulateurs passionnés, l'on se demande quels éloges plus chaleureux notre système pouvait espérer ? et si ce travail, que nous imposent les circonstances, n'est pas également stimulé par cette renonciation de notre Société d'agriculture de la Gironde à ne pas exposer à Paris, plutôt que d'être privée de montrer au public les prodiges de résurrection dus aux racines exotiques greffées avec des sarments français, afin de témoigner en même temps son admiration, sa gratitude envers un système auquel elle avait été en principe plus qu'indifférente. Une telle détermination chez des gens d'ordinaire d'un naturel pacifique, est tout uniment un acte de contrition, un acte de foi héroïque, en faveur de l'école américaine.

Et si le ministère actuel, rompant avec les superstitions phylloxériques du passé, laisse pénétrer dans l'Exposition les vignes exotiques, qui prouveront à l'évidence que les vins français sont *aussi* bons, *aussi* abondants, venus sur racines américaines ; et que par suite le salut viticole découle de ce simple fait (1), nul doute que l'Exposition universelle de 1889 aura éclipsé ses sœurs aînées ; nul doute qu'elle aura aidé à la diffusion de la vérité, et accéléré le salut de nos vignobles, ce qui a été

---

(1) Pendant que nous écrivons ces lignes, le bruit court que grâce à leur énergie, les délégués de la Société d'agriculture auraient obtenu gain de cause auprès de MM. Faye, Constans, etc., et que les portes de l'Exposition seraient ouvertes à nos vignes. Nous en profiterons pour exposer notre premier hybride de semis, le *Vialla*, et pour confondre par ses énormes dimensions ceux qui nous contestent la paternité de ce précieux porte-greffe.

admis il y a neuf ans, par les deux nations les plus viticoles de l'Europe : l'Espagne et le Portugal (1).

(1) Par décret du 13 février 1880, Sa Majesté le roi d'Espagne, et nous pouvons ajouter celui de Portugal, peu de jours après, nous ont nommé, l'un Commandeur de l'Ordre d'Isabelle la Catholique, l'autre Commandeur du Christ du Portugal; voici dans quels termes les journaux espagnols ont enregistré cette distinction :

« Par ordonnance du 13 février, Sa Majesté a daigné honorer M. Laliman, de la croix de Commandeur d'Isabelle la Catholique, pour les grands services rendus par lui à la viticulture universelle et pour son initiative dans la question des vignes américaines résistant au phylloxéra.

« Valence, mars 1880. »

NOTICE CHRONOLOGIQUE

CHAPITRE I.

Nous avons vu que malgré la répulsion de certains organisateurs de l'Exposition universelle de 1889, contre les ceps de vigne américains ou même français, que la cause des vignes exotiques paraissait si bien gagnée parmi nos viticulteurs girondins, que la Société d'agriculture de Bordeaux a déclaré renoncer à exposer, plutôt que de se priver du droit de démontrer les services que les vignes américaines ont déjà rendus ; et lorsqu'on se rappelle qu'il y a quelques années à peine, un conférencier ne pouvait pénétrer en Médoc (1) qu'à condition de jurer de ne pas prononcer un mot en faveur des vignes américaines, on est en droit de conclure : que le public avait été singulièrement trompé à leur sujet, et que l'expérience et les invasions multiples et lointaines, sur tous les points du globe, ont plus fait en leur faveur pour les innocenter, que les stériles et innombrables discussions. En effet, on nous disait : Partout où a pénétré une vigne américaine, avec elle a pénétré le phylloxéra ! Il y avait même un préfet de la Marne qui

(1) Un viticulteur renommé de Saint-Estèphe, M. Lefort, qui était un des plus intolérants ennemis des vignes américaines, récite son *confiteor* tout haut ; il déclare que son fils a été médaillé pour les résultats inespérés qu'il a obtenus dans le Médoc, avec ses vignes greffées, et soutient que le vin de son cru délicat, est meilleur que lorsqu'il le récoltait sur racines françaises parce que le raisin mûrit plus tôt, et la quantité par hectare a aussi augmenté.

soutenait que lorsque l'on semait un pépin d'une vigne américaine, on semait en même temps des phylloxéras !

On citait aussi naguère, le Brésil et toutes les Amériques comme étant le séjour et le berceau de l'insecte, dont on se délivrait en employant à haute dose la saumure ! Or, renseignements pris, le Brésil n'a jamais eu le *Phylloxéra*, l'on y cultive beaucoup de ceps américains du genre *Labrusca,* non résistant, et quelques *Jacquez*, ainsi que des ceps français.

Le Mexique, la République Argentine, le Pérou augmentent la culture des vignes *européennes* et n'ont pas le phylloxéra ; le Chili non plus. Et l'Australie qui possède beaucoup de vignes américaines, n'est pas attaquée dans les régions où on les cultive, tout en l'étant là où on cultive uniquement les vignes d'Europe. Le Cap de Bonne-Espérance est envahi comme l'Algérie, comme la Syrie, comme la Russie, sans l'appoint des vignes américaines.

Et disons encore que l'Algérie, à qui l'on a interdit pendant des années tout commerce de végétaux, même celui des pommes de terre, avec la mère-patrie, est envahie dans plusieurs provinces à la fois, tandis que le Jardin d'acclimatation d'Alger possède des vignes américaines indemnes, et cela depuis plus de vingt-cinq ans.

Le Jardin des Plantes et le Jardin d'acclimatation de Paris sont indemnes ; on y cultive des plants américains depuis plus de dix-huit ans. Dans la pépinière du Jardin du Luxembourg, à Paris, on cultivait les vignes américaines depuis 1817. Si elles avaient importé le vastatrix, les autres vignes françaises de cette pépinière, que nous avons vues en 1852, vivre à côté des vignes américaines, auraient-elles vécu jusque-là (1) ?

---

(1) Il y a bien dix ans, on nous a demandé un Jacquez américain au Grand Hôtel Universel, pour faire l'ornement d'une serre dépendant de cet hôtel. Prière de visiter ce cep.

Le docteur Baréto, de Saint-Paul (Brésil), nous écrit le 15 mars 1889 :

« Je cultive avec succès et sans phylloxéra les Jacquez et les vignes fran-
« çaises. Je vous adresse encore des photographies de ces vignes. »

Le Japon lui-même a été inondé de vignes américaines ; plus d'un million en numéraire a été dépensé par son gouvernement pour les y introduire : de plus, nous savons que s'il a été surfait en Labrusca reçus directement d'Amérique, il est encore à cette heure indemne de la présence du vastatrix !

Après ces faits, après une enquête officielle préfectorale faite en 1874 dans la Gironde, et qui innocente la propriété de La Touratte, mise au pilori inconsciemment ; après un jugement rendu par le tribunal de Villefranche (Rhône) en faveur de M. Pulliat qui avait été dénoncé aussi par certains de ses compatriotes, comme ayant importé le phylloxéra dans le Beaujolais, avec ses plants américains reçus directement des États-Unis, de chez M. Berkmans, dont la pépinière située près d'Augusta (Géorgie), d'Amérique, est encore indemne du phylloxéra :

Enfin après une condamnation en dommages et intérêts dont M. Pulliat, aujourd'hui professeur de viticulture à l'Institut, nous a communiqué le chiffre important, et dont il a été le dispensateur avec un jugement à l'appui :

Après l'expertise faite aussi chez M. Sahut, à Montpellier, ayant été présidée par l'honorable M. Marès ; enquête qui a déclaré aussi peu fondée l'accusation portée contre les vignes américaines de cet éminent horticulteur, que contre celles de M. Pulliat et les nôtres (1);

Après la lettre du maire de Floirac, M. Trapaud de Colombe, qui déclare que l'invasion phylloxérique de la commune de Floirac a débuté chez lui et non chez nous; après les déclarations écrites de M. Maxime Cornu qui, après deux ans de séjour dans la Gironde, nous écrivait :

---

(1) L'enquête officielle préfectorale girondine de 1874, dont nous possédons encore quelques exemplaires, a dégagé notre propriété de La Touratte, de cette accusation insensée, et il a fallu que ce fût dix fois vrai, pour qu'à cette époque de préjugés fanatiques, une commission girondine eût le courage de le dire. Les obstinés étaient aussi tenaces que puissants, mais disons qu'ils ne formaient qu'une infime minorité.

que c'est chez le nommé Treuville que la mortalité phylloxérique s'est d'abord déclarée ; après l'aveu de M. Chalret, vice-consul de Portugal, qui déclarait que le tertre de Canon, dans le Libournais, avait été ravagé vers 1863, c'est-à-dire avant que nous ne jetions le cri d'alarme ; après les déclarations de l'ancien maire d'Izon (Gironde), M. Dufoussat père, qui devant une visite de la commission de la Société d'Agriculture, a déclaré : qu'il a eu le phylloxéra en 1864, et que ses vignes et celles de son régisseur avaient été tuées par l'insecte bien avant que M. Laliman ne parlât de phylloxéra : après l'invasion de Malaga (Espagne), etc., où il a été impossible de trouver une seule vigne américaine ou autre, introduite et venant du dehors, depuis plus de quinze ans; après la déclaration de M. Castellet, de Villasar, près Barcelone, affirmant à la suite d'expertise, qu'il ne possédait pas un seul vastatrix sur les vignes américaines qu'il cultivait indemnes depuis dix-huit ans,

Est-il permis encore de prendre au sérieux l'origine américaine du phylloxéra radicicole, importé par les vignes américaines (1), et d'admettre l'identité avec celui des feuilles ?

En vérité, les praticiens (2), comme les savants, qui auront remplacé ceux qui ont imposé ce catéchisme phylloxérique à la crédulité publique, avec une impétuosité toute méridionale, seront bien anxieux dans vingt ans, lorsqu'ils voudront renouer expérimentalement les chaînons phylloxériques classiques adoptés et contestés.

Nous voici arrivés au point d'attraction. Evidemment

---

(1) Un explorateur diminuant la valeur de ses découvertes, c'est le « *rara avis* » Mais nous ne sommes pas infaillible : si nous nous trompons contre les princes de la science, nous nous inclinons, et même nous en bénéficierons un jour. La sincérité nous dicte ces paroles, que le temps seul saura expliquer incontestablement. Puisque beaucoup de naturalistes américains nient l'identité des deux insectes, la question est au moins en litige.

(2) Nous sommes un des premiers coupables dans ce syllabus entomologique, puisque c'est nous qui avons le premier soutenu cette thèse vis-à-vis MM. Planchon et Lichtenstein ; notre correspondance fait foi, qu'en 1870 ces messieurs étaient, malgré nos efforts, hostiles à l'identité des deux insectes.

les critiques se disent déjà : « Vous allez voir que l'auteur va se déclarer le *Deus ex machinâ !*... Eh ! mon Dieu, s'il attendait que ses collaborateurs du passé, ou bien que les conscrits phylloxériques du moment, à peine au courant de la question, vinssent le sacrer Pontife, évidemment dame Thémis attendrait, comme sœur Anne attend et attendra toujours par vocation ou destinée.

Il nous faut donc, après quarante-six ans de culture de vignes américaines, choisir judicieusement et non trop à l'origine, les documents se rapportant juste à l'apparition de l'oïdium ou bien se rapportant juste à l'invasion du phylloxéra ; car, répétons-le ici, les greffes sur vignes américaines que quelques oublieux nous ont contestées, ont été recommandées par nous à ces deux époques bien différentes, surtout à celle où parler de vignes américaines paraissait parler chinois, c'est-à-dire en 1861 et 1869.

Nous voilà donc embarrassé... mais, doucement... embarrassé... des triages à faire dans nos très nombreux dossiers, et nous défions qui que ce soit de *les récuser*, parce qu'ils sont primesautiers, ou bien d'en opposer d'antérieurs et même d'une époque subséquente d'au moins deux ans aux nôtres !

Et comme dans les questions *mères*, le début c'est la boussole, ainsi que le dit en d'autres termes d'une exquise justesse notre ancien disciple de par l'Académie des sciences, M. Millardet (1), dans son premier mémoire de 1874, paru en 1876, en s'exprimant ainsi :

Après avoir déclaré que déjà en 1869, un moyen de mettre pour toujours nos vignobles à l'abri des attaques du phylloxéra, en conseillant de greffer nos cépages sur certaines vignes américaines, avait été proposé par M. Laliman, M. Millardet ajoutait : « Que

(1) Lire page 44 et autres : « Etude sur les vignes américaines qui résistent au phylloxéra », par M. Millardet, délégué de l'Académie des sciences, 1876.
Lire Annales de la Société d'agriculture de la Gironde, année 1871, p. 189 et autres.
Lire Annales de la Société d'agriculture de la Gironde, années 1869, 1870 et 1871.

« serait-il arrivé si M. Laliman avait suivi l'exemple « de ses voisins, et arraché ses vignes américaines ? La « résistance au phylloxéra de quelques-uns de ces cé- « pages ne serait même pas soupçonnée à l'heure qu'il « est ; et ses vignes arrachées, le moyen de constater « cette résistance ferait défaut, ce qui en ce cas eût été « la *ruine* de la viticulture.» Aussi continuait-il, en nous remerciant de l'obligeance sans bornes avec laquelle nous avons mis pendant des années à sa disposition notre collection qu'il qualifiait d'unique dans le monde et terminait-il son mémoire en demandant au ministre une école de viticulture pour la Gironde ; ce qui a été fait plus tard, mais pour le département de l'Hérault.

Nous avons donc toujours raison d'invoquer l'initiative, comme le *sine quâ non* de toute chose ! et comme c'est cette initiative qui a fondé l'école américaine dès 1861 et dès 1869, nous allons invoquer plus particulièrement les documents de *cette dernière époque* pour étayer plus solidement nos droits (1). Nous ouvrirons d'abord un des recueils viticoles de cette première période, le journal de viticulture pratique de M. Lesourd du 30 septembre 1869, qui dès le début fut notre sentinelle avancée, car il a eu le courage de se faire notre défenseur, et en France nous sommes si routiniers, qu'il n'était pas possible à cette époque de parler à un viticulteur sans qu'il vous répondît qu'on n'avait que faire des vignes américaines, et que nous n'avions pas de leçons viticoles à recevoir des Yankees, mais à leur en donner.

Vu ces préjugés, on ne saurait assez apprécier le service que nous a rendu M. Lesourd en 1868 et 1869, et plus tard M. Cazalis, en 1871, c'est-à-dire au début de notre apostolat phylloxérique. Voici ce que nous écrivions le

---

(1) Il faudrait remonter à 1859 et 1860, pour donner une idée exacte de nos *travaux* sur les questions, et même arriver jusqu'en 1889.

30 septembre 1869, dans ce premier journal en décrivant le cépage, encore rare en France, le *Jacquez*, cépage que nous nous faisons gloire, avec le *Solonis*, d'avoir introduit en France ; mais disons-le, un an après l'invasion par le phylloxéra, de La Touratte : ce qui prouve qu'ils en étaient innocents ; et nous le disions aussi un an avant la tenue du Congrès de Beaune, novembre 1869, car pour faire colorier la grappe du *Jacquez*, il fallut l'envoyer à Lyon en 1868, à une artiste, Mme Cherpin ; *et la planche coloriée ne parut que le 29 septembre 1869.*

Le Jacquez, disions-nous dans le journal de viticulture de Lesourd, du 30 septembre 1869, page 32, en étayant sa description sur la planche *coloriée* précitée, que nous possédons encore : « Le Jacquez donne un fruit qui n'a « aucun goût de cassis, étant de la race Æstivalis. Son « vin est noir, et mélangé avec le Warren il fait un excellent « Bordeaux. Si ce que nous disons sur la vigueur de son « tempérament se confirme, il sera trois fois méritant. « Il n'a pas l'oïdium, il résiste au phylloxéra et *greffé* il « pourrait conserver nos vignes françaises, qui s'en vont « depuis l'invasion de la nouvelle maladie. » Et comme le 24 juin 1869, dans le même journal de viticulture nous avions annoncé et décrit la nouvelle maladie phylloxérique, c'est-à-dire l'invasion de la Gironde par le phylloxéra, ces deux documents suffiraient, à eux seuls, pour prouver notre initiative absolue dans les trois questions qui au fond n'en font qu'une : 1° l'étude du phylloxéra ; 2° l'étude et la recommandation de certaines vignes américaines, soit comme producteurs directs, soit comme porte-greffes ; 3° l'étude et la recommandation des greffes sur certains cépages américains, pour conserver nos vins français.

A ces deux documents primitifs autant que topiques, nous pouvons adjoindre une infinité d'autres travaux que nous avons imprimés sur la matière. Notre conférence publique faite au Congrès de Beaune, en novembre 1869 (1), dans laquelle nous avons porté et exhibé pour la première fois en public des Solonis qui, ne produisant que quelques baies, n'ont pu être présentés par nous que comme des porte-greffes ; des Gaston Bazile, cépages tout aussi infertiles, des York aux fruits foxés, et qui, par suite, n'ont été présentés par nous à cette époque que comme porte-greffes, ainsi que notre fils aîné en semis, l'hybride que plus tard nous avons baptisé le Vialla et que nous appelions, à cette époque : espèce de Clinton, mais seulement comme un excellent *porte-greffe* puisque ce dernier, très coulif, ne donne presque jamais de raisin. Enfin, comme producteurs directs, nous étalâmes devant l'auditoire sceptique dudit Congrès des Jacquez, des Warren, des Pauline, des Long n° 1, comme cépages résistants et comme pouvant nous fournir des vins très acceptables ; et de plus, nous eûmes l'honneur de déclarer qu'il ne fallait pas croire que toutes les vignes américaines *étaient résistantes* : que nous avions déjà perdu le Concord, le Hartfort, l'Ives, le Catawa, la Clara, le Clinton, la Diana, l'Isabelle, etc. Vérité que nous regardons aujourd'hui comme un devoir d'autant plus méritant à proclamer, que si on nous avait écouté on aurait évité à nos vignerons les écoles désastreuses qui, en 1874, ont fait perdre à la fois aux Languedociens les sept millions de ceps américains, cépages mal indiqués par M. Riley, puisqu'ils ont tous disparu, tués par le vastatrix, ce que nous avons déjà signalé dans nos divers écrits, avec pièces à l'appui (2), et ce que M. Gaston Basile a déclaré plus tard être la vérité.

---

(1) Cette conférence est déposée aux archives des Agriculteurs de France, et nous avons les journaux la *Gironde* et la *Petite Gironde* de novembre 1869, qui en parlent, sous la rubrique d'un savant agronome, M. Joyeux.

(2) Lorsque nous avons déclaré par écrit ces vérités, nous avons eu pour adversaires nos amis de Montpellier, et lorsque nous disons : « Méfiez-vous des hybrides quelconques qui contiendront de la sève de Vitis vinifera ! » nous avons comme adversaires hostiles ceux mêmes qui ont cent fois proclamé dans leurs écrits cette dernière vérité, mais qu'ils renient aujourd'hui parce qu'ils se sont lancés dans cette voie si contraire à l'expérience.

Pour le lecteur impartial, nous pourrions nous arrêter à ces premiers documents que nous possédons et que l'on trouvera encore en dépôt au siège du journal le *Moniteur viticole*, rue de Beaune, à Paris, et déposés en outre en maintes bibliothèques.

Mais beaucoup de vignerons, inféodés à des écrits romanesques qu'ils ont d'abord lus, auront besoin peut-être de plus de preuves encore. Or, comme il y a plus de quarante ans que nous nous occupons de vignes américaines, nous les renvoyons à un article : Vin américain, du numéro du 15 septembre 1860, publié par nous dans la *Revue des sciences* : nous les renverrons aussi à notre « Coup d'œil agricole » paru chez Lacroix, éditeur à Paris, en 1859, intitulé : *Cépages américains*. Nous les prions de lire notre brochure : *Taille de la vigne à cordons*, cépages et vins américains 1861 ; cet article figure aussi dans le tome IV du *Congrès scientifique de France*, à côté de notre travail intitulé : *Vignes étrangères, vins américains et californiens*. Comme en 1861, il n'était question nulle part de phylloxéra, mais seulement de l'oïdium, nous recommandions de greffer nos ceps français sur américains, afin de leur éviter cette lèpre; nous déclarions que les cépages exotiques n'avaient *aucune* maladie, nous recommandions déjà notre procédé de défoxage, applicable à certains vins foxés, tels que celui du York, et nous parlions déjà de la nécessité d'étudier et de fabriquer des hybrides américains et d'opérer des semis (1).

(1) Dans nos « Documents nouveaux pour servir à l'histoire du phylloxéra, » publiés en 1874, chez Feret et fils, libraires à Bordeaux, nous disions, page 332 : « Conseillons à des hommes comme Henri Bouschet, qui s'occupent avec tant de succès de l'hybridation, d'hybrider le Cordifolia, ou le Rotondifolia, ou le Jacquez ; que l'on hybride l'Aramon, le Cabernet, le Syrha, le Malbec ou le Gamay sur ces premiers cépages, nul doute que l'on n'obtienne une grande résistance au puceron. Par l'hybridation, on arrivera aussi en France à faire une révolution viticole, ce qui est aujourd'hui une nécessité. » Par ces lignes, nous voulons prouver que nous pouvons revendiquer le droit d'auteur aux hybrides. Mais nous soutenons que les déceptions que depuis ce moment les hybrides mélangés de sève Vitis vinifera ont données, n'étaient pas connues, ce qui fait qu'aujourd'hui, c'est à l'exclusion du Vitis vinifera que nous recommandons la solidité dans l'hybridation.

On nous accordera bien que, même avant l'épidémie du vastatrix, nous sommes le premier qui avons recommandé la greffe en France, sur cep américain; le premier qui avons, contre l'oïdium, recommandé le greffage de ces vignes étrangères et leur semis.

Tels sont les documents contemporains de l'arrivée de l'oidium, groupés avec ceux de 1869 contemporains de l'invasion du vastatrix, qui doivent suffire pour constater notre initiative dans les questions des vignes américaines, de leur greffage contre l'oïdium, et dans celle de leur greffage pour combattre le phylloxéra, etc.

Il est bien évident que dans les Annales d'agriculture de la Gironde de 1869, 1870, 1871 et même 1875, on trouvera des renseignements plus nombreux, plus détaillés ainsi que dans notre brochure intitulée : « Documents nouveaux pour servir à l'histoire du vastatrix », publiée en 1874 par la librairie rue Jacob, plus dans l'enquête officielle préfectorale qui devait anathématiser notre propriété de La Touratte comme étant l'origine du fléau, et élucider l'origine de l'insecte. Disons encore que rien n'est venu démontrer l'accusation fantaisiste de nos adversaires, bien au contraire : nous en sommes sorti dégagé. L'on pourra constater dans ces nombreux travaux une filiation d'opposition, de fins de non-recevoir, de mauvais vouloir, de luttes qui pourront démontrer combien ont été pénibles nos premières indications ; combien les préjugés et les théories incandescentes de certains adversaires ou de certains de nos disciples, ont augmenté nos labeurs ; et combien à cette heure encore est nébuleuse la science exotico-viticole, lâchant la proie pour l'ombre, à la recherche des hybrides qu'elle a elle-même condamnés, et même combien la question entomologique est restée stationnaire et douteuse.

Mais pour ne pas trop prolonger notre Biographie, hâtons-nous de condenser soit quelques-uns des rapports qui nous ont valu notre première grande médaille d'or, soit les libellés des rapports de certaines Sociétés d'agriculture les plus renommées de la France, etc., etc.

Ce qui en rapprochant les dates démontrera que c'est nous qui avons obtenu le premier, à la pointe de l'épée, ces encouragements sur toutes les questions dont nous avons déjà parlé, c'est-à-dire, répétons-le, se rattachant aux greffes, aux vins français venus sur racines américaines, ou aux vins d'Æstivalis, aux eaux-de-vie américaines, aux hybrides, à l'huile précieuse de leurs pépins, à l'histoire de l'insecte gallicole ; ce qui figure aussi dans les mémoires de l'Académie des sciences de Paris de 1869 à 1871 et même 1874. Bref, que nous sommes le premier qui avons parlé de la greffe pondératrice, et indiqué les cépages américains à l'abri du mildew, que nous les avons maintes fois désignés, tels que l'Herbemont, l'Elsemburgii, l'Elsemboro, le Dampierre, le resemis de Vialla, nos hybrides de Solonis et Gaston Bazile, le Sonneville, le Cornucopia, le Graels, etc. Beaucoup de mécomptes, en 1888, d'après M. Loubet, président du Comice de Carpentras, s'étant produits, après l'application des remèdes les plus en vogue contre le mildew, ces indications de résistance peuvent un jour être le point de départ curatif, d'une école à laquelle nous ne sommes pas resté étranger ; puisque les *Annales d'agriculture et d'horticulture de la Gironde* et le journal la *Chronique vinicole*, etc., ont aussi avant 1887 plusieurs fois recueilli nos indications sur ce moyen naturel, économique, et certain de se mettre à l'abri du mildew.

Vérité que M. Loubet approuve aussi en 1889, puisque lui-même désigne plusieurs cépages européens ou exotiques comme étant aussi indemnes de ce fléau, fléau guérissable avec beaucoup de frais, mais non sans certains échecs, même entre les mains des plus habiles, comme M. Salomon, de Fontainebleau.

Rapports sur nos travaux phylloxériques.

Voici en substance, le premier rapport fait par M. le comte de Lavergne sur nos travaux, qui figure page 145 des Annales de la Société d'agriculture de la Gironde de 1871 :

« MESSIEURS,

« Votre commission s'est arrêtée à cette partie du « mémoire de M. Laliman, pour reconnaître, une fois de « plus, le zèle ardent et l'activité consciencieuse de son « auteur, réservant son attention la plus empressée pour « la partie qui traite du phylloxéra.

« Elle avait hâte de revoir réunies les observations si « intéressantes qu'il nous avait successivement commu- « niquées.

« C'est encore M. Laliman, qui le premier en France « a signalé publiquement l'existence des galles des « feuilles de vigne. Il est vrai que MM. Planchon et « Lichtenstein, en rendant compte de la découverte de « notre observateur, déclarent qu'ils en avaient trouvé « de semblables à Sorgues, sur les feuilles du Tinto. « Mais cette déclaration même suffit à établir que « M. Laliman, avant tous autres, en a saisi l'impor- « tance, puisqu'il lui a donné le premier de la publicité.

« Il appartient à l'auteur de ce rapport de s'appesantir « sur ce fait, car il était à Sorgues avec MM. Planchon « et Lichtenstein, et commissaire comme eux du Conseil « des agriculteurs de France ; nul souvenir ne lui est « resté de la découverte faite par ses honorables collè- « gues, ce qui prouve qu'elle ne fut pas jugée, par leurs « auteurs, assez importante, pour fournir à la commis- « sion le sujet d'une étude sérieuse, encore moins l'objet « d'une discussion (1). Les droits de M. Laliman restent

(1) Ni dans la conférence que fit à cette époque au sein de la Société d'agriculture de Bordeaux, le 9 août 1869, M. Planchon, arrivant avec ses collègues du Midi, ni dans le compte rendu d'une notice imprimée peu de mois après, relatant l'excursion de la commission des agriculteurs de France, il n'a été dit un seul mot, sur la découverte à Sorgues du phylloxéra gallicole, dont nous avions déjà saisi la Société Linnéenne, la Société d'agriculture de la Gironde et autres, en août 1869.

« donc tout entiers et plus grands qu'il ne les suppose « lui-même, puisqu'il se contente de signaler dans son « mémoire une simple coïncidence entre ses observa- « tions et celles de M. Planchon.

« M. Laliman nous donne encore une lueur d'espé- « rance dans l'indication de quelques vignes américaines « indemnes ou résistantes au phylloxéra, et qui, par la « greffe, pourraient servir à la reconstitution de nos « vignobles.

« L'avenir nous apprendra si ces vignes résisteront « indéfiniment et si nous devrons un nouveau service « aux études de notre collègue. Toujours est-il qu'il nous « en a rendu d'incontestables ; aussi votre commission « des vignes vous demande-t-elle de lui accorder une « de vos plus grandes distinctions, une médaille d'or de « trois cents francs, et d'ordonner l'impression de son « mémoire (1) dans vos annales. »

Rapport de la Société Nationale d'Agriculture de France.

Après ce document, puisons dans le compte rendu de la séance annuelle de la Société centrale, aujourd'hui nationale, d'agriculture et dans le rapport de M. Bouchardat de l'année 1871, les considérants qui nous ont valu par cette docte assemblée, une médaille d'or.

« Un grand nombre de questions se rapportant aux « conditions d'existence du phylloxéra sont abordées « par M. Laliman. Il est peu d'observateurs qui aient « suivi avec autant de persévérance que lui tout ce qui « se rapporte à l'histoire du funeste parasite de la « vigne. Mais ce qui distingue absolument ses travaux, « c'est d'avoir étudié les cépages privilégiés qui parais-

---

(1) En 1875, la Société d'agriculture de Bordeaux, devenue moins timorée, a décerné un rappel de médaille d'or à l'auteur des vignes américaines résistantes ; et depuis, elle est devenue si fanatique, qu'elle a refusé, on le sait, d'exposer à l'Exposition de 1889, si on ne lui laissait pas étaler les vignes américaines qu'elle considère aujourd'hui, comme le pivot du salut viticole.

« sent mieux résister que les autres aux ravages du « phylloxéra et d'avoir expérimentalement démontré « que ces cépages produisaient dans le Bordelais des « vins de bonne qualité.

« Quand bien même on n'arriverait point à trouver un « cépage qui fût absolument préservé, il n'en serait pas « moins très utile de connaître ceux qui présentent les « conditions les plus favorables d'immunité. Ces études « comparatives dont l'importance ne saurait être mé- « connue doivent être attentivement poursuivies ; mais « l'honneur de les avoir *entreprises*, de les avoir *conti-* « *nuées* avec une très louable *persévérance appartient* à « *M. Laliman ;* aussi n'hésitons-nous pas à vous propo- « ser au nom de la section des cultures spéciales, de lui « décerner une médaille d'or à l'effigie d'Olivier de « Serres. »

Médaille d'or de la Société des Agriculteurs de France et encouragement académique.

Nous ne ferons que signaler cette récompense, puisque l'on peut facilement trouver aux archives des Agriculteurs de France le libellé de la médaille que cette importante Société a bien voulu nous décerner en 1877 pour nos travaux, sur le rapport de M. Gaston Bazile.

Cette récompense nous a d'autant plus touché, que c'est cette Société qui la première s'est occupée en France du phylloxéra ! C'est sur son initiative, que le premier Congrès phylloxérique a été tenu à Beaune en novembre 1869 ; et c'est par conséquent sous ses yeux, et son patronage, que l'indication du salut viticole par certaines vignes américaines a vu le jour. Ce témoin irrécusable, et solidaire de notre initiative, qu'elle a encouragée, est pour nous un souvenir glorieux, presque aussi précieux que lorsque l'Académie se souvenant de nos premiers travaux phylloxériques, M. Dumas, président, écrivait le 16 juin 1873 dans son rapport académique ces flatteuses paroles :

« La commission (1) continue ses études, mais elle es-
« père bien moins de ses propres travaux que de ceux
« de MM. Planchon, Foucon, Marès, Lichtenstein,
« comte de Lavergne, Laliman, etc., qui peuvent suivre
« chaque jour les habitudes de la vie de l'insecte sur les
« lieux. »

Rapport de la Société d'Horticulture de la Gironde, 1876. Rapport de la Société Pomologique de France. Prix d'honneur obtenu en 1888.

Nous devons de plus rappeler ici les paroles que le jury de la Société d'horticulture de la Gironde a inscrites dans son rapport au sujet du Concours régional de 1878, qui a eu lieu à Bordeaux à cette époque, et dont voici la rédaction :

« Le jury recommande au Concours régional agricole
« et au ministère les travaux persistants, les études cons-
« tantes et consciencieuses, de M. Laliman sur les cé-
« pages américains résistant au phylloxéra. »

Mais hâtons-nous de nous borner aux encouragements que les Sociétés indépendantes nous ont accordés en 1881, et à la médaille d'or que nous a décernée, après l'Exposition, la Société Philomathique de Bordeaux, puisque d'après une lettre qu'a bien voulu nous écrire un honorable magistrat à la Cour, M. Gachassin-Lafite, et d'après plusieurs communications verbales de M. Froidefond, également un des membres de ce jury, nous avons été porté par nos compatriotes sur la liste des exposants qui méritaient la croix d'honneur.

Bref, terminons nos citations par les considérants qui

---

(1) Les autres membres de la dite commission étaient MM. Milne-Edwards, Duchartre, Blanchard.

figurent dans le rapport de la Société Pomologique de France de 1888, et dans les annales de la Société d'horticulture de la Gironde de la même époque, au sujet du prix d'honneur qui nous a été décerné par cette Société, pendant la superbe exposition qui a étalé aux yeux des plus incrédules de splendides raisins français venus sur racines américaines, et qui a démontré que nos nouveaux hybrides de Solonis, etc., sont à l'abri du mildew et résistent au vastatrix parce qu'ils sont indemnes de toute alliance avec le Vitis vinifera, et produisent déjà des vins dont la couleur intense détrône les colorants artificiels les plus énergiques, et cela, au plus grand bien de la salubrité publique.

Obtention du cépage nommé le Vialla, d'abord nommé le La Touratte par M. Millardet.

Certaines personnes nous ont contesté d'être l'obtenteur du fameux porte-greffe que nous avons nous-même, en 1875, baptisé le Vialla, avec l'adhésion de l'ex-sympathique président de la Société d'agriculture de l'Hérault. La dimension extraordinaire du tronc de notre premier hybride, que nous espérons voir figurer à l'Exposition de 1889, suffira à elle seule pour défier tout concurrent, prétendant à son obtention antérieurement à nous-même. Mais rapportons subsidiairement ici les paroles de M. Millardet qui, dès le principe, c'est-à-dire dès 1874, louait ce cépage qu'il a nommé La Touratte (1), du nom de notre propriété où il était né.

Voici en quels termes, page 9 de son premier

(1) Lire son premier rapport à l'Académie des sciences, imprimerie Nationale, 1876 : « Études sur les vignes d'origine américaines, qui résistent au phylloxéra. » Comme ce mémoire est resté deux ans avant d'être imprimé, nous avons baptisé ce cépage dans l'intervalle, c'est-à-dire en 1875, le Vialla ; comme M. Vialla vit encore, il peut rendre témoignage de ces faits. Puisque nous ne l'avions baptisé de ce nom qu'avec son consentement et avec la permission de cet éminent viticulteur, nous osons espérer que nos contradicteurs s'éclaireront auprès de lui et seront désormais plus indulgents.

mémoire, il s'exprime sur son compte. Après avoir énuméré les vignes américaines que nous lui avions signalées, qu'il a vues résistantes sur notre propriété de La Touratte en 1874, 1875 et plus tard encore, il termine ce paragraphe par ces paroles :

« Enfin à toutes les variétés résistantes j'ai joint un « *hybride* d'Isabelle et de Clinton, obtenu d'un semis de « ce dernier par M. Laliman, le premier qui a prouvé « d'une *manière directe* la *possibilité de l'hybridation* « entre diverses espèces de vignes, par le fait de la créa- « tion du La Touratte. Ce nouveau cépage, ainsi que je le « dirai plus loin, se recommande par des qualités réelles. « Je l'ai nommé *La Touratte*, en souvenir de la propriété « où il a pris naissance !

« Plus tard, en 1875, on le sait, l'obtenteur l'a *baptisé* « *le Vialla, et ce nom a prévalu.*

« *Signé :* MILLARDET. »

Une de nos premières expositions de vins américains et français récoltés sur racines américaines.

Les premiers vins américains soumis depuis l'invasion phylloxérique, soit à l'appréciation du public, soit à l'appréciation des savants, ont été récoltés par M. Laliman ; témoin le compte rendu de la réunion de Montpellier, en 1874, signé Saint-Pierre, Lenhart et autres appréciateurs, et dans lequel notre vin de Jacquez et nos vins français récoltés à La Touratte, sur racines américaines, sont qualifiés de bons vins de palus ordinaires. Dans le compte rendu de la Commission du phylloxéra de l'Institut de France, séance du 3 décembre 1874, figurant dans un mémoire publié en 1875 (Gauthier Villars, imprimeur à Paris), existe une note signée Pasteur et Bouchardat, dont voici la teneur :

« Au mois de novembre 1878, M. Laliman et M. Max Cornu nous ont adressé de Bordeaux quelques bouteilles de vin fait avec des cépages américains cultivés à La Touratte. »

Le procès-verbal à la suite indique la qualité des vins obtenus par les producteurs directs américains, et les vins français obtenus par la greffe sur les racines américaines. Le n° 1 est qualifié de bon vin ordinaire, limpidité brillante, très belle couleur, saveur franche. Le n° 2 est aussi apprécié par les juges autorisés. Quant aux eaux-de-vie, il n'y a qu'à consulter le catalogue du Concours d'Angoulême de 1876, pour se convaincre que les premières eaux-de-vie provenant de vignes américaines récoltées en France, chez M. Laliman, ont été jugées tellement supérieures, que le jury, à l'unanimité, a demandé pour le récompenser une mention honorable ministérielle et hors ligne.

Si dans notre diplôme, des influences ont atténué dans son libellé la portée de ce succès, en retranchant les expressions les plus significatives, telle par exemple que : *hors ligne* ; et même le qualificatif *eaux-de-vie américaines*, pour le remplacer simplement par cet autre qualificatif neutralisant : *eau-de-vie !* alors que l'on devait pour demeurer exact dire : *eau-de-vie américaine*, nous possédons assez de lettres de ce même jury d'Angoulême pour prouver son étonnement à l'égard de ce libellé inexact et pour étayer tous nos droits à cette première et exceptionnelle récompense obtenue par la qualité fine de nos eaux-de-vie, alors qu'en certain lieu, on voulait récompenser celle d'un de nos élèves en viticulture du Midi, M. Fabre, jugée inférieure par ce même jury.

Greffe pondératrice, et hybrides modernes de M. Laliman.

Nous avons précédemment indiqué notre initiative dans la question des hybrides par l'obtention du Vialla et des greffes sur vignes américaines bien avant 1861, surtout au moyen des greffes par approche, au tome IV, page 194, des annales du Congrès scientifique tenu à Bordeaux en 1861. Actuellement nous relaterons le rapport rédigé par un des plus éminents horticulteurs de la Gironde, M. Escarpit, vice-président de la Société d'horticulture, qui figure dans les annales de 1888 de cette Société.

« C'est dit ce rapporteur, par l'amélioration de la « *race pure* de certaines vignes américaines sans *mé-* « *lange* de sève *française* (1) que M. Laliman est arrivé « à produire des variétés pouvant faire du vin et in- « demnes des maladies modernes dont nos vignes fran- « çaises sont atteintes.

« C'est afin de rester dans les lois de la nature pour la « reproduction des espèces et afin d'assurer à ses pro- « duits les avantages de la *race*, tout en la perfection- « nant, que M. Laliman s'est attaché à écarter les vignes « françaises dans la fécondation.

« Tous les genres de greffes sont pratiqués chez lui sur « sujets américains. Greffes par approche, en coin, à la « vrille, en écusson, en fente, etc., et depuis plus de « quinze ans toutes donnent des quantités de raisins.

« Cependant M. Laliman, s'apercevant que quelques « pieds greffés maigrissaient, et nourrissaient mal leurs « fruits, pensa que cela pouvait provenir de ce que « les greffons n'absorbaient pas suffisamment de sève, « alors il laissa pousser sur les porte-greffes des bois « sauvages, et celles-ci ont repris toute leur vigueur.

---

(1) L'auteur oublie que nous possédons encore quelques hybrides mélangés de sève de Vitis vinifera comme le comte de Lavergne, le Planchon, le Sonneville, le Millardet, le Piola, le Dampierre, etc., mais que leur résistance est bien moindre que celle où la sève américaine règne à l'exclusion de toute autre. C'est parce que nous avons étudié les deux systèmes, qu'avec l'expérience nous nous prononçons aujourd'hui contre l'hybridation avec sève française. Puisque M. Planchon, M. Millardet lui-même, ont déclaré dans tous leurs ouvrages : que là où la présence d'une *goutte* de Vitis vinifera était constatée dans un cépage, la résistance au vastatrix avait disparu. La résistance étant notre premier refuge, l'affinité dans le greffage n'est plus qu'une bagatelle, qu'une quantité négligeable.

« Dès lors comme expérience il a été laissé des porte-« greffes sur lesquels on a eu soin comme par le passé « de supprimer tous les sauvageons ; ces témoins sont « loin d'être aussi vigoureux et leurs raisins sont bien « inférieurs comme volume.

« C'est un curieux spectacle que de voir à La Touratte « des branches de vigne de grandes dimensions, couver-« tes de feuilles et bois sauvages et ressemblant de loin « à une garniture de vigne vierge (le Solonis surtout), « et de trouver au milieu de cette végétation folle des « greffes françaises avec leurs bois, feuilles et raisins, « français d'une vigueur peu commune. Explique qui « pourra, je constate les faits.

« Après cette visite et en présence des résultats qui « nous ont été soumis, il est permis d'espérer que les « travaux auxquels se livre M. Laliman ouvriront une « voie nouvelle à la culture de la vigne, aujourd'hui si « pleine de difficultés. »

Le Rapporteur,

ESCARPIT,

Vice-Président de la Société d'horticulture.

CHAPITRE II.

Découverte en Europe de certains cannibales du Phylloxéra.

Bien avant l'envoi en Europe du *Tyroglyphus phylloxéra*, découvert aux Etats-Unis en1874, par M. Riley, et expédié en France en 1875 par l'intermédiaire de M. Planchon, nous avions signalé aux entomologistes l'existence de plusieurs carnassiers du phylloxéra. La médaille ministérielle qui nous fut décernée à Paris, en 1874, par l'Exposition d'insectologie, a rendu hommage à nos efforts à ce sujet, et nous relatons dans nos études sur les divers phylloxéras, page 10, la consécration par le savant entomologiste le Dr Signoret, d'une larve que nous lui avons envoyée, qui se nourrit exclusivement, des larves du phylloxéra. Nous avons également envoyé à M. Lichtenstein quelques hyménoptères qui, d'après ce savant, occasionnent la mort des Aphydiens. Enfin, on peut lire dans les comptes rendus de l'Académie des sciences du 3 septembre 1877, notre lettre au sujet de l'envoi d'une larve qui engloutit le phylloxéra d'une façon prodigieuse. A la suite de cet envoi, le savant Balbiani a fait un rapport à l'Académie finissant par ces mots : « Quoi qu'il en soit, on ne peut qu'encou-« rager M. Laliman à continuer ses intéressantes obser-« vations sur ce redoutable ennemi du phylloxéra. »

Nos Protestations adressées au ministre et nos Combats pour la vérité.

Il nous paraît indispensable de donner ici un abrégé de notre lettre adressée au Ministre, qui nous a créé tant d'inimitiés même parmi nos disciples les plus fervents; lorsque par devoir nous avons combattu, soit des hybrides éphémères, soit des procédés, soit des remèdes dits infaillibles.

En effet, dès le principe, non seulement nous lisions dans les journaux spécialistes, ou autres, que l'ardeur et l'impétuosité méridionale dénaturait non seulement les règles fondamentales de l'école vitico-américaine, mais encore accueillait avec une crédulité dangereuse, les théories ou les conseils les plus funestes. Lorsque dans le *Messager Agricole* de 1871, M. Riley eut publié la liste des cépages exotiques qu'il recommandait à la France comme les plus résistants au phylloxéra, et dont le plus grand nombre se composait de diverses variétés de la race dite Labrusca, notamment du débile Concord, notre surprise fut extrême; et lorsque nous vîmes des praticiens renommés et des savants français s'emparer de ces indications erronées, alors que la culture et l'expérience nous en avaient déjà démontré l'inanité, nous crûmes devoir protester; et notre lettre de 1871 au ministre, prouve surabondamment que nous avons eu raison, puisque ceux qui ont traduit en français les communications de M. Riley, ont pu constater que ce dernier, à l'époque de son second voyage, confessait, devant la Société d'agriculture de l'Hérault, son erreur sur la solidité des vignes Labrusca et particulièrement l'erreur qu'il avait commise en recommandant pendant plusieurs années la résistance du Concord, qu'il aurait vu tué depuis peu, par le phylloxéra en Amérique ! Est-il surprenant, comme nous l'avons déjà fait remarquer, qu'après les plantations de sept millions de ceps de vignes envoyés en 1872 et 1873, des États-Unis, dans le Midi, un désastre complet ait frappé en 1874 ce premier essai ? Et ce, parce que l'on n'avait pas voulu suivre les conseils de notre vieille expérience.

Il faut que la vérité soit bien forte, pour avoir en cette occasion, après dix ans d'hérésies viticoles, obtenu gain de cause ; et si nous parlons après tant d'années de ces faits douloureux, ce n'est pas tant pour consacrer nos droits à une parcelle de cette vérité si chèrement obtenue, mais c'est surtout pour expliquer les amours-propres froissés, les inimitiés involontaires trop nombreuses que nous a créées la fondation de l'école américaine, même parmi nos disciples de la première heure beaucoup trop ardents.

On le voit, nous avons eu le malheur de compter trop souvent parmi nos collaborateurs, des adversaires, par-là même que nous cherchions à les ramener dans le giron de la vérité, vérité que certains ont en partie confessés plus tard; mais que d'autres, par fétichisme, ou autres motifs qui nous échappent, croient encore devoir voiler aux yeux du public, et cela au détriment de leurs écrits, de leurs enseignements, et même de la fixité de leurs doctrines.

Toujours est-il que nous avons cru aussi remplir notre devoir même en combattant dès le début les greffes que l'on a préconisées d'abord dans le Midi sur l'Isabelle, puis préconisées sur les ronces, les cognassiers, les muscats de Lunel, les mûriers, les bignolia, les vignes vierges, et même sur le scupernong, ce que nous avions étudié en vain bien avant ceux qui ébruitaient ces réussites éphémères, comme des certitudes ou des solutions certaines.

Toujours est-il que tous les médecins que nous avons dû combattre, les uns parce qu'ils nous vantaient des remèdes à peine possible dans un jardin, tels que les arrosements avec les eaux d'usines à gaz et d'égouts, avec enfouissement de scories de forges; les autres parce qu'ils recommandaient la poudre Peyrat (1), les autres, comme M. Morlot, parce qu'ils voulaient inonder la France de Vitis Californica, cépage si éphémère qu'il meurt en Californie même. Les autres parce qu'ils promettaient le changement de la sève de nos vignes, à l'aide d'un entonnoir infiltrant une liqueur indigeste tuant le phylloxéra ! Les autres, purgeant *in extremis* l'insecte par les décoctions d'aloès, de térébenthine, de cacao, de vin blanc ou de tabac.

Les autres, assurant le remplacement de nos vignes par une plante tuberculeuse insipide, sorte de patate importée du Soudan par un voyageur, M. Lescart. Les autres recommandant certains cépages européens qu'ils disaient invulnérables, alors qu'ils étaient déjà morts chez nous! Tous ces médecins et ces remèdes ont malheureusement formé contre nous de gros bataillons agres-

---

(1) La poudre Peyrat avait tellement capté la confiance de la Commission de la Chambre des députés, que l'on annonçait au Parlement : que les embarcadères de Marseille ne suffisant plus à son trafic, on allait les agrandir au plus tôt, dans le but de sauver la viticulture ! Nous laissons deviner si ce fanatisme combattu par nous a dû nous faire aussi des ennemis ?... autant que les brouettes-frappeuses, l'électricité, le cacao, les gousses d'ail placées sous nos ceps, les cubes Rohart, etc., etc.

sifs et militants ; de sorte que leurs influences dans les sphères élevées ou non, s'est toujours traduit à notre égard par un rigoureux ostracisme, qui nous a tenu à l'écart même de la Commission du phylloxéra.

Telles sont, très en abrégé, quelques-unes des mille raisons qui ont pu déteindre sur notre destinée viticole, et rendre notre apostolat si pénible, si le salut de la viticulture que nous avons constamment poursuivi, n'avait été une digne compensation à nos tribulations comme à nos inimitiés si imméritées.

Suite de nos Protestations.

Voici la lettre que nous avons jugé indispensable d'écrire en 1871 à M. le Ministre ; elle doit se trouver aux archives du Ministère de l'Agriculture, et figure dans nos écrits antérieurs ; disons hautement qu'il faut que dix-huit années écoulées l'encadrent, pour lui donner le relief que l'expérience lui décerne aujourd'hui sans conteste ; puisque si l'on avait mis à profit nos indications de la première heure, l'État n'aurait pas dépensé en pure perte tant d'argent, et le salut de nos vignobles eût été avancé de dix années au moins !

Notre lettre à M. le ministre de l'Agriculture en date de Bordeaux, 5 septembre 1871, est un document indéniable qui prouve nos combats, même contre nos auxiliaires, et même dès le début de l'école des vignes américaines résistantes.

Monsieur le Ministre (1),

Vous voulez bien, par votre lettre du 1er septembre, me faire savoir que pour le moment, vous ne croyez pas fondée la demande d'indemnité que j'ai l'honneur de

---

(1) En effet, je demandais le premier une indemnité en faveur des victimes du vastatrix ; on l'a accordée quelques années après, mais pas à nous.

vous adresser; soit pour les pauvres vignerons ruinés par le phylloxéra, soit pour ceux qui selon votre circulaire, voudraient arracher leurs ceps moniteurs attaqués.

En ce qui concerne les cépages étrangers, vous voulez bien aussi m'annoncer que vous ferez venir des États-Unis des *ceps de vitis Labrusca.*

Je crois devoir vous indiquer qu'il y a danger à faire venir d'Amérique des Labrusca, puisque par expérience je sais que cette vigne ne résiste pas au *vastatrix*, ayant perdu plus de 800 pieds de Catawa, d'Isabelle, de Concord, d'Ives, etc.

Bien que l'on ait écrit le contraire, et que l'on prétende dans le Midi, que même le Muscat jouissait de la résistance, l'on a commis une double erreur, je vous l'affirme.

Contrairement à l'avis de M. Riley j'estime : qu'il n'y a lieu de faire venir des États-Unis que les spécimens de vignes dont je vous adresse des échantillons ou les portraits ; seuls ils résistent en France.

J'ajoute que les cépages vulgairement appelés summer grapes, ou æstivalis, pourraient être joints à l'envoi (1).

Ma lettre a donc pour but d'éviter au public une perte de temps et à vous, Monsieur le Ministre, une dépense d'autant plus regrettable, qu'elle n'aboutirait qu'à de nouvelles déceptions.

Veuillez, Monsieur le Ministre, etc.

L. Laliman.

Il ne faudrait pas croire que cette lettre fût écrite uniquement à cause des renseignements erronés qui furent

(1) Inutile de rappeler que nous envoyions des portraits de Jacquez, de Solonis, de York, provenant du *Journal de Viticulture pratique* de Lesourd, du 23 mai 1869 au mois de septembre même année ; plus des broches, et même des raisins de ces cépages ; mais les influences et les étrangers furent seuls écoutés, et l'initiateur de La Touratte fut mis en lazaret.

publiés en 1871, dans le *Messager agricole du Midi*, au sujet des cépages américains recommandés par M. Riley, mais parce que de tous côtés on circonvenait la crédulité et le bon vouloir du ministre, ainsi qu'en fait foi la lettre ci-jointe du 1er septembre 1871, que nous adressait le ministère :

Ministère de l'Agriculture — Paris, 1er septembre 1871.

Monsieur Laliman,

à Bordeaux.

« En ce qui concerne les cépages étrangers, je viens de demander à M. le Ministre des affaires étrangères de faire venir des Etats-Unis des ceps de *Vitis Labrusca*, qui ont été jusqu'ici *préservés du Phylloxéra* (1). J'écris en outre au préfet d'Indre-et-Loire pour savoir si le Directeur du Jardin d'acclimatation de Tours(2) a conservé les plants de Vitis Cordifolia et d'Æstivalis, dont vous désirez la multiplication dans le Midi.

Par autorisation du Ministre :

LEFÈVRE DE SAINTE-MARIE.

Divers initiateurs

Notre but ne serait pas complètement atteint si en fait d'explorateurs nous allions oublier de citer le nom de M. Boiteau.

---

(1) Comprendra-t-on que l'on faisait croire à cette époque dans les sphères officielles, que les Labrusca qui avaient déjà été tués à La Tourate par les pucerons, étaient préservés du phylloxéra? et comprendra-t-on le nombre d'ennemis que nos avertissements contraires ont dû nous susciter?

(2) Ce n'est pas le Jardin d'acclimatation de Tours, qui n'existait même pas, mais le Pénitencier de Tours, c'est-à-dire la colonie de Mettray, qui venait d'hériter d'un tiers de la collection de vignes américaines provenant de la pépinière du Jardin du Luxembourg de Paris, créée en 1817, par l'ancien ministre de Louis XVIII, le duc Decazes. Ce service a dû contribuer à lui faire élever la statue de bronze qui orne une des places de Libourne ! tandis que la même introduction bien triturée par nos adversaires, nous a valu, cinquante et un ans après, l'indifférence ou l'animadversion publique, bien que cette seconde introduction des Æstivalis et des Cordifolia en France ait servi de jalon au salut de la viticulture qui serait morte déjà, sans l'introduction, pour la seconde fois en France, de ces sauveteurs émérites, qui ont, par la culture plaidé éloquemment leurs vertus.

Il y a un peu plus de dix ans que ce chercheur a d'abord cru trouver le nœud gordien phylloxérique en découvrant l'œuf d'hiver, depuis il a déclaré loyalement qu'à son avis, il ne croyait guère plus à l'extinction de la race du vastatrix par la destruction de cet œuf.

Néanmoins un savant et persévérant chercheur, M. Prosper de Lafille, s'est distingué dans cette voie et poursuit encore avec grande espérance la solution de ce problème. Nous devons comme historien enregistrer ces deux faits, qui rendent encore vague et incertaine l'histoire phylloxérique, car un fait déconcertant depuis la découverte du Phylloxéra des feuilles et depuis la découverte de l'œuf d'hiver s'est produit avec persistance. C'est que malgré la marche envahissante du puceron à l'étranger, on n'a pu en trouver qu'une fois. En Espagne c'est, croyons-nous, le savant naturaliste M. Graels qui seul l'aurait trouvé. Cet œuf, partout ailleurs, a été introuvable, même chez nous, à La Touratte, où tant d'entomologistes de valeur l'ont cherché sans pouvoir nous en montrer un seul. Quant au Phylloxéra gallicole, il paraît introuvable également en Italie, en Hongrie, en Portugal, en Algérie, en Syrie, etc., etc., d'où il faut conclure ou que ces deux chaînons du cycle phylloxérique adoptés par la science ne sont peut-être pas aussi indispensables à la vitalité du destructeur de nos vignes, que certains entomologistes l'ont déclaré, ou que l'étude du Phylloxéra n'est pas aussi complète qu'on l'a cru, et que le sphinx qui doit expliquer ces mystères doit persévérer, étudier encore avant d'achever la dernière page de l'histoire, pour nous encore inconnue, du Phylloxéra vastatrix.

M. Faucon, autre explorateur, mérite également de ne pas être oublié, car avec l'inondation par les eaux limoneuses de certains cours d'eau l'on obtient des résurrections annuelles très remarquables ; malheureusement, comme avec l'emploi des sulfo il faut recommencer tous les ans, ce qui est fort coûteux. Peut-être arrivera-t-on pour ces deux derniers procédés à obtenir une durée moins limitée, nous le souhaitons ! bien que pour nous, l'on arrivera difficilement à concurrencer la durée des greffes bien faites sur racines américaines bien choisies.

ÉPILOGUE

Nous pouvons bien employer ce mot pour conclusion de notre notice que *d'autres diront notre poème*. Mais comme nous possédons des cargaisons de lettres ou documents émanant de ceux mêmes qui nous ont le plus adulé, et plus tard *houspillé*, ou simplement oublié, nous certifions véridiques et sincères les preuves que nous soumettons ici au public; nous réservant l'apport de plus amples dossiers s'il y a lieu; car nous le répétons, cette abondance ne nous fait pas défaut.

Comme nous lisions dans le journal *la Vigne américaine*, du 8 août 1888, qu'un fort intéressant travail de « M. Lalande, député de la Gironde, venait d'établir, par « les calculs les plus sérieux, que la plus-value des vigno- « bles, reconquise depuis nos désastres phylloxériques, « par le fait de la culture des vignes américaines, atteint « déjà une valeur de dix milliards, et que nos Chambres « et la France devraient après cela, devoir témoi- « gner leur reconnaissance par une récompense natio- « nale à la famille de M. Planchon, qui a été la personni- « fication incontestée de ce relèvement ».

Tout en admirant l'élan de reconnaissance de l'écrivain qui a tracé ces lignes, nous voudrions qu'il fût un peu moins exclusif, car M. Planchon lui-même a bien voulu réserver pour nous quelques droits à cette même reconnaissance publique.

Et tout en rendant justice à la science et à l'activité de M. Planchon, tout en réclamant nous-même pour sa famille une preuve de la générosité nationale, nous devons retracer ici les paroles que justement M. Planchon a écrites à notre sujet dans son livre *la Vigne américaine*, imprimé en 1875 chez Coulet, libraire à

Montpellier, ne serait-ce que pour établir que nous ne dépassons pas nos droits de revendication.

« La première mention de la résistance que *certains* « *cépages* américains opposent au phylloxéra, est due à « M. Laliman. Il communiqua au Congrès de Beaune, « en 1869, ce fait d'immunité relative. Il en saisit les con- « séquences en montrant dans ces variétés dédaignées le « remplacement possible de nos variétés indigènes. Ac- « cueillie par l'incrédulité, cette espérance fut saisie par « les quelques hommes qui savent voir les choses d'a- « vance et de loin. »

Qu'aurait fait, nous le demandons, M. Planchon, dans la question des vignes américaines, si selon les expressions de M. Millardet, déjà relatées, nous avions suivi les exemples de nos voisins, en arrachant nos premières vignes américaines ?

Les indications de M. Laliman ignorées, M. Planchon ne se serait pas produit comme viticulteur exotique.

D'où nous concluons qu'en vignes américaines surtout: *In principio erat verbum.*

D'où nous déduirons aussi, qu'ayant en 1876 reçu une médaille d'or au Concours régional de Bordeaux, on est doublement mal venu de nous contester notre initiative dans leur greffage avec nos plants français : deux choses qui constituent l'ensemble de l'école américaine ; et nous sommes d'autant plus à l'aise pour fixer l'attention sur cette médaille d'or que nous ont value les premières greffes sur vignes américaines, que nous objections alors à M. l'Inspecteur général qui nous en gratifiait malgré nous, que nous avions en main à cette époque, des lettres de tous les membres du Jury déclarant : que c'était à *l'initiateur* de l'école américaine, comme à l'*ensemble* de son exposition : vin, eau-de-vie, huile de pépins américains, travaux phylloxériques, etc., qu'il avait entendu décerner cette médaille ! que par conséquent nos greffes seules, récompensées, ne remplissaient nullement l'objectif du Jury, car si un jour on arrivait à appliquer les principes de notre école, cette récompense n'indiquerait nullement que nous en avions été le fondateur.

« Soyez tranquille, nous répondit l'inflexible inspec-
« teur général, ni vous, ni moi, *ni nos enfants* ne ver-
« rons jamais planter des vignes américaines, je vous le
« certifie ! »

Plus de 217,000 hectares sont aujourd'hui plantés en France en vignes américaines et répondent au parti-pris du représentant de l'État dans ce concours agricole.

Tous nos élèves, ou disciples, ont été ou récompensés ou encouragés par des subventions ou par des places inédites créées pour eux, ou par des honneurs, etc., seul, l'ermite de La Touratte, ennemi de la claque et de ces phalanges d'adulateurs mutuels qui ont pour mission de faire valoir un homme ou un système auquel ils n'entendent rien (et cela bien entendu à charge de revanche) seul, disons-nous, le viticulteur girondin a été mis de côté, n'a jamais reçu un encouragement même verbal, etc., il n'a dû ses quelques succès qu'aux étrangers ou aux jurys des concours, heureusement indépendants, puisqu'ils ont souvent eu à lutter en notre faveur contre certaines influences par trop hostiles.

Ces explications données, notre notice sera absoute par le public qui aime la justice ; il ratifiera l'apologie obligatoire de nous-même par nous-même et pour cause.

PRIX DE 100.000 FRANCS DE M. OSIRIS.

Nous ne savons, si par suite des dépenses de l'Exposition ou autres, l'État se décidera à partager le prix de 300.000 francs voté par le Parlement en faveur de ceux qui auront rendu la fertilité à nos vignobles. Mais au moment d'*achever* notre historique, nous lisons dans les journaux « qu'un prix de 100.000 francs vient d'être déposé au comité de la Presse, destiné à récompenser l'œuvre d'utilité publique que le Comité jugera le plus convenable dans l'Exposition universelle. »

Quel est le chef-d'œuvre industriel ou artistique qui pourra lutter avec notre résurrection viticole ? Qui pourra entrer dans la balance avec nos millions de laboureurs, de vignerons, de marins, d'artisans qui vivent de la vigne ou par la vigne ? La vigne, c'est le sang de la France, dit avec raison Berthall. Est-il rien de plus précieux que notre sang ?... Et le vin ne symbolise-t-il pas aussi, pour le monde chrétien, le sang du Christ ?...

Donc ce prix, dû à la munificence d'un bienfaiteur de l'humanité, aidera aussi à payer la dette nationale viticole. Du reste, le nom du donateur l'oblige par la pente naturelle des choses à remplir ce devoir.

Osiris est l'homonyme du dieu de la vigne, chez les Egyptiens. Il deviendra héréditairement le protecteur, le Probus moderne, l'Osiris du XIXme siècle, ce qui prouvera une fois de plus que les prédestinés ont parfois des filiations, des rôles à remplir, que le Destin, qui s'y connaît, leur confie à l'heure voulue, et à propos.

Puisse le Comité étudier cette grave question, la résoudre conformément à l'importance du sujet, c'est-à-dire conformément à l'intérêt de la France et, disons-le aussi, conformément à l'intérêt universel.

ERRATA

Dans la note au bas de la page 21, lire après agriculteurs de France : *il n'a été dit un seul mot par le rapporteur sur la découverte à Sorgues du phylloxéra gallicole, etc., etc.*

OUVRAGES DU MÊME AUTEUR

Coup d'œil agricole et viticole. — Cépages indigènes de l'Amérique, 1863.

Taille de la vigne à cordons. — Cépages et vins américains, 1859.

Reconstruction du Canal du Midi. — Complément du canal de Suez, 1867.

L'agriculture et le libre échange devant l'enquête des Agriculteurs de France, 1870.

Questions publiques : Ponts, Passerelles, Docks.

Etude sur les divers Phylloxéras. Grande médaille d'or, 1871.

Documents pour servir à l'histoire de l'origine du Phylloxéra. Appendice à l'enquête officielle, 1874.

Etude sur les divers travaux phylloxériques, notamment en Espagne, 1879-1880.

Conférence sur les hybrides américains devant le Congrès Pomologique de France. Prix d'honneur, 1886.

www.ingramcontent.com/pod-product-compliance
Lightning Source LLC
LaVergne TN
LVHW012015160826
845678LV00002B/843

* 9 7 8 2 3 2 9 6 6 1 6 6 7 *